Rotes Heft 405

BIG FIRELINER

Multifunktionsgurt für die Feuerwehr

von
Ivo Ernst
Geschäftsführer Consultiv AG

8., aktualisierte Auflage

Verlag W. Kohlhammer

Dieses Rote Heft gilt als Herstellerinformation für den Multifunktionsgurt BIG FIRELINER®. Das geistige Urheberrecht dieser Herstellerinformation liegt bei der Consultiv AG. Die Verwendung des Inhaltes (auch der Abbildungen und Zeichnungen) in schriftlicher oder elektronischer Form in Teilen oder als Ganzes bedarf grundsätzlich der schriftlichen Genehmigung der Consultiv AG sowie der W. Kohlhammer GmbH. BIG FIRELINER® und FIRELINER® sind registrierte und geschützte Marken der Consultiv AG.

Bilder: Consultiv AG (Zeichnungen), Thorns (Fotos)
8., aktualisierte Auflage 2025

Alle Rechte vorbehalten
© W. Kohlhammer GmbH, Stuttgart
Gesamtherstellung:
W. Kohlhammer GmbH, Heßbrühlstr. 69, 70565 Stuttgart
produktsicherheit@kohlhammer.de

Print: ISBN 978-3-17-045946-5

E-Book-Formate:
pdf: ISBN 978-3-17-045948-9
epub: ISBN 978-3-17-045949-6

Für den Inhalt abgedruckter oder verlinkter Websites ist ausschließlich der jeweilige Betreiber verantwortlich. Die W. Kohlhammer GmbH hat keinen Einfluss auf die verknüpften Seiten und übernimmt hierfür keinerlei Haftung.

Inhaltsverzeichnis

1 Beschreibung des BIG FIRELINER® **5**
   1.1   Entwicklung und Normen 10
   1.1.1   Entwicklung 10
   1.1.2   Normen 10

2 Anwendung **12**
   2.1   Hinweise zur Sicherheit 12
   2.2   Glossar: Bestandteile und Kennzeichnung 16
   2.3   Allgemeine Informationen zum Gebrauch 17
   2.3.1   Kontrolle 17
   2.3.2   Nach dem Einsatz 18
   2.3.3   Lebensdauer 18
   2.3.4   Reinigung und Lagerung 18
   2.3.5   Transport 19
   2.3.6   Erweiterte Produkthaftung 19
   2.4   Einsatzbereiche des BIG FIRELINER® 20
   2.4.1   Halten/Sichern (nach EN 358) 20
   2.4.2   Rettung (Selbst-/Fluchtrettung) nach EN 1498, Klasse A 21
   2.4.3   Notfallrettung einer Einsatzkraft 21

3 Ausbildungsgrundlagen **22**
   3.1   Einlegen in die Einsatzjacke 22
   3.2   Einsatzvorbereitung 27
   3.3   Halten auf Leitern 30
   3.4   Halten auf Flächen, ohne Sicherungsmann ... 33

Inhaltsverzeichnis

3.5	Halten im Korb einer Drehleiter	35
3.6	Sichern im absturzgefährdeten Bereich als Sicherungsmann	38
3.7	Rückhalten auf Flachdächern oder Böschungen, nach vorne, mit Sicherungsmann	41
3.8	Rückhalten auf Flachdächern oder Böschungen, nach hinten, mit Sicherungsmann	48
3.9	Sichern einer zu rettenden Person	54
3.10	Rettung (Selbst-/Fluchtrettung)	61
3.10.1	Selbstrettung	62
3.10.2	Erweiterung des BIG FIRELINER® um die Notverbindung (NoVe)	66
3.11	Notfallrettung einer Einsatzkraft im Atemschutzeinsatz	80
3.11.1	Variante 1	81
3.11.2	Variante 2	82
4 Prüfung		**84**

1 Beschreibung des BIG FIRELINER®

BIG FIRELINER® steht für: Multifunktionsgurt integriert in die Einsatzjacke.

Der integrierte Multifunktionsgurt in der Einsatzjacke FIRELINER® verbindet die Anforderungen an einen Feuerwehr-Haltegurt gemäß EN 358 (Halten und Sichern) und an eine Rettungsschlaufe nach EN 1498 (Klasse A, Selbst- und Fremdrettung) mit dem Einsatz einer schwerentflammbaren Einsatzbekleidung nach EN 469:2020. Zusätzlich bietet er die Möglichkeit für ein Transportsystem für bewegungsunfähige Menschen im Notfall.

Das System ist für den ausschließlichen Einsatz durch Feuerwehren entwickelt worden. Das Ziel dieser PSA ist:
  a) eine erhöhte Wertschöpfung des Rettungs- und Haltesystems dank mehr Einsatzmöglichkeiten,
  b) weniger Belastung für den Feuerwehrangehörigen.

1 Beschreibung des BIG FIRELINER®

Bild 1: *Der BIG FIRELINER® in »Transportstellung« in der Einsatzjacke (erkennbar an den beiden grünen Laschen)*

1 Beschreibung des BIG FIRELINER®

Bild 2: *Der BIG FIRELINER® im Einsatz*

1 Beschreibung des BIG FIRELINER®

Vorteile gegenüber dem Feuerwehr-Haltegurt (in der Schweiz: Rohrführergurt) nach EN 358 sind:

- weniger Gewicht (= weniger Belastung für den Träger),
- verbesserte Luftzirkulation: weniger Wärme und weniger Feuchtigkeit in der Bekleidung (= weniger Belastung für den Träger),
- dank weniger Wärme und weniger Feuchtigkeit ein höherer Partialdruck in der Bekleidung und damit eine verbesserte Atmungsaktivität der Bekleidung (= weniger Belastung),
- größeres Einsatzgebiet: Halten, Rückhalten, Sichern, Selbst- und Fremdrettung, Notfalltransport in einem System (= erhöhte Wertschöpfung),
- keine Gefährdung von Gesundheit und Leben: Der Anschlagpunkt ist auf Brusthöhe, damit entfällt die Gefahr von
    - Rückenverletzungen (»Klappmessereffekt«) und
    - Verlust der Kontrolle durch Rotation, u.a. wegen des Gewichts des Pressluftatmers auf dem Rücken.

Grundsätzliche Vorteile des BIG FIRELINER® sind:

- ein System für: Halten, Sichern, Selbst- und Fremdretten, Notfalltransport,
- es ist jederzeit ein Rettungs- und Sicherungssystem am Feuerwehrangehörigen,

1 Beschreibung des BIG FIRELINER®

- das System ist bei jedem Träger am gleichen Ort, im Notfall muss nicht gesucht werden (in welcher Tasche befindet sich die Bandschlinge etc.),
- geringe Anschaffungs- und Unterhaltskosten,
- Indikatoren (Laschen) zeigen Vorhandensein des BIG FIRELINER® an, einfache Kontrolle, ob BIG FIRELINER® einsatzbereit (geschlossen) ist,
- Unverlierbarkeit der Einzelteile ist jederzeit gewährleistet.
- **Der Multifunktionsgurt wird nur bei Bedarf geschlossen. Bedarf heisst: Sichern, Halten, Rückhalten, Retten.**

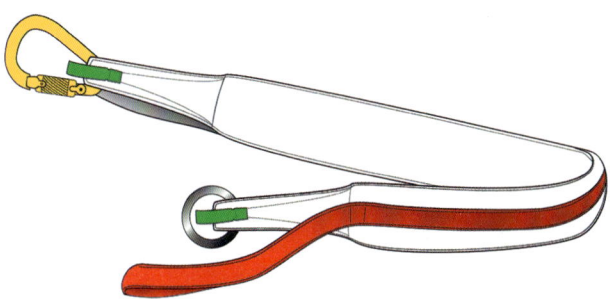

Bild 3: *Der BIG FIRELINER®*

1 Beschreibung des BIG FIRELINER®

1.1 Entwicklung und Normen

1.1.1 Entwicklung

Die Entwicklung des BIG FIRELINER® wurde durch Mitglieder der benachbarten Schweizer Feuerwehren Stetten, Bolligen, Vechigen im Jahr 2008 initiiert. Die Berufsfeuerwehr Karlsruhe, die Werkfeuerwehr Bosch (Reutlingen), die Freiwillige Feuerwehr Filderstadt und die Consultiv AG als Entwickler und Hersteller von Einsatzbekleidung haben zwischen 2008 und 2011 in intensiver Zusammenarbeit diese Entwicklung inklusive laufender Erprobung in der Praxis durchgeführt. Dank für die Unterstützung bei der Entwicklung gilt Jörg Mezger (Filderstadt), der Berufsfeuerwehr Karlsruhe, der Werkfeuerwehr Bosch Reutlingen und der Freiwilligen Feuerwehr Filderstadt.

1.1.2 Normen

Der Multifunktionsgurt BIG FIRELINER® ist patentiert:
- Deutsches Patent Nr. 10 2010 055 276.3,
- Europäisches Patent Nr. 1192635.8,
- Gebrauchsmusterschutz: 20 2011 052 237.7 vom 11. Januar 2012.

Der Multifunktionsgurt BIG FIRELINER® ist gemäß der EU Verordnung 2016/425 zertifiziert:
1. EN 358:2018 (Halten, Rückhalten, Sichern) und EN 1498/A:2007 Kl. A (Retten) durch:
SUVA Arbeitssicherheit Luzern, Fluhmattstr. 1, Postfach, 6002 Luzern CE 1246.

1.1 Entwicklung und Normen

2. EN 469:2020 als Bestandteil einer Einsatzjacke nach dieser Norm

Die Europäischen Normen unterscheiden die folgenden Systeme:

- EN 361 (Auffanggurte): zum Halten, Auffangen und zum Abseilen bzw. Retten. Gurte nach EN 358, EN 813 und EN 1497 können hier integriert sein. Ausführung: Gurt mit separaten Bein- und Schultergurten.
- EN 813 (Sitzgurte): zum Halten und Abseilen. Nicht zulässig bei Absturzgefahr. Ausführung: Haltegurt mit Beinschlaufen.
- EN 1497 (Rettungsgurte): Haltevorrichtung für den Körper zu Rettungszwecken. Ausführung: mit Bein- und Schultergurten.
- EN 1498 (Rettungsschlaufen): drei Ausführungen A, B, C je nach Umschlingung. Nur für Rettungszwecke.
- EN 358 (Schutzausrüstung für Haltefunktionen und zur Verhinderung von Abstürzen): zum Halten, Rückhalten und Sichern. Nicht zulässig für Selbstretten (Abseilen), nicht zulässig bei Absturzgefahr. Ausführung: Bauchgurt.

2 Anwendung

2.1 Hinweise zur Sicherheit

Beim Gebrauch des BIG FIRELINER® sind nachstehende Sicherheitshinweise zu beachten:

1. Der integrierte Brustgurt BIG FIRELINER® ist eine Persönliche Schutzausrüstung zum Halten, Rückhalten, Sichern sowie Selbst- und Fremdretten und darf daher nur von einer einzigen Person benutzt werden. Diese Person muss in der Benutzung unterwiesen oder während des Einsatzes der direkten Kontrolle einer unterwiesenen Fachperson unterstellt sein.
2. Der BIG FIRELINER® darf ausschließlich als integrierter Gurt in einer Einsatzjacke verwendet werden, die mit dem Gurt nach EN 469 zertifiziert ist. Der Gurt darf nur eingesetzt werden, wenn die Einsatzjacke verschlossen ist. Das Gewicht des Nutzers darf maximal 150 Kilogramm betragen!
3. Der BIG FIRELINER® darf grundsätzlich nur zur reinen Haltefunktion bzw. Rückhaltefunktion und zur Selbst- und Fremdrettung eingesetzt werden. Ein Absturz muss grundsätzlich ausgeschlossen sein. Der BIG FIRELINER® ist nicht für Auffangzwecke geeignet, für den Schutz gegen Absturz aus einer Höhe sind zusätzliche Anordnungen für Halte- und Auffangfunktionen mit kollektiven Ausrüstungen, z. B. Auffangnetzen, oder Persönlichen Schutzaus-

2.1 Hinweise zur Sicherheit

rüstungen, z. B. Auffangsystemen nach EN 363, anzuwenden. Bei Arbeiten mit Absturzgefahr müssen Auffanggurte nach EN 361 verwendet werden. Gurte nach EN 358, EN 813 und EN 1497 können hier integriert sein (Ausführung: Gurt mit separaten Bein- und Schultergurten).

4. Der Inhalt dieses Roten Heftes, das auch als Gebrauchsanleitung gilt, gilt nur für den Ernstfall/Einsatz. Für Ausbildung und Übung der Tätigkeiten im Bereich »Rettung« ist zwingend eine zweite Sicherung durch ein geeignetes Sicherungssystem erforderlich, z. B. Auffanggurt nach EN 361 in Verbindung mit dem Gerätesatz Absturzsicherung nach DIN 14800-17.
5. Leinen, Band- und Sicherungsschlingen sind immer straff zu führen, Schlaffleine ist zu vermeiden!
6. Leinen, Band- und Sicherungsschlingen sind vor scharfen Kanten zu schützen.
7. Persönliche Schutzausrüstung zur Absturzsicherung ist immer bestimmungsgemäß zu verwenden.
8. Persönliche Schutzausrüstung gegen Absturz darf im Einsatz nur durch solche Personen benutzt werden, die über eine den gesetzlichen Vorschriften entsprechende Ausbildung verfügen.
9. Vor Einsätzen und Übungen muss ein Partner-Check (Vier-Augen-Prinzip) erfolgen. Dabei sind insbesondere Anschlagpunkte, Karabinerverschlüsse, Knoten und die Halbmastwurfsicherung zu überprüfen.
10. Die sichernde Person nie direkt in die Sicherungskette einbinden!

2 Anwendung

11. Der BIG FIRELINER® muss permanent in der Einsatzjacke verbleiben, er darf nicht als Anschlagmittel, losgelöst von der Person, verwendet werden. Dafür sind Band-/Endlosschlingen u. Ä. zu verwenden.
12. Vor dem Benutzen der Ausrüstung soll berücksichtigt werden, wie eine möglicherweise notwendige Rettung sicher erreicht werden kann.
13. Nach jedem Einsatz müssen die Befestigungs- und/oder Einstellteile regelmäßig überprüft werden.
14. Anweisung für die Verbindungsmittel: Der Karabinerhaken muss von innen nach außen durch den Metallring gezogen werden, sodass die geschlossene Karabinerschenkelseite am Metallring zum Liegen kommt. Dann muss der Karabinerhaken geschlossen und verriegelt werden. Das ordnungsgemäße Verschließen des Karabinerhakens muss vor dem Einsatz kontrolliert werden. Im Einsatz soll sich der Anschlagpunkt auf Brusthöhe befinden. Das Verbindungsseil muss stets straff gehalten sein, die freie Bewegung ist auf maximal 0,6 m zu begrenzen.
15. Der BIG FIRELINER® ist möglichst um den Brustkorb zu tragen. Die Gurtgrößen sind gemäß des Brustumfanges zu wählen.
16. Der BIG FIRELINER® soll – wenn möglich – immer mit dem Karabiner auf der rechten Seite eingelegt werden. Dies erleichtert die Handhabung.
17. Das Beschriften des Multifunktionsgurtes BIG FIRELINER® mit lösungsmittelhaltigen Schreibern ist aus-

2.1 Hinweise zur Sicherheit

drücklich verboten! Eine solche Beschriftung führt zum Erlöschen der Garantie.

18. Der Retter muss sicherstellen, dass die zu rettende Person durch eine Verschiebung des Multifunktionsgurtes BIG FIRELINER® oder durch Kontakt mit den Befestigungselementen nicht gefährdet wird, z. B. durch ein den Kopf des zu Rettenden streifendes Verbindungselement während eines unbeabsichtigten Ereignisses, wie einem kurzen Sturz.
19. Der Anschlagpunkt muss so gewählt sein, dass er oberhalb des Nutzers liegt. Er muss eine Mindestfestigkeit von 14 kN aufweisen.
20. Achtung: Bei längerem Hängen im System kann es zu einem Hängetrauma kommen. Längeres Hängen ist deshalb zu vermeiden.
21. Der Multifunktionsgurt BIG FIRELINER® darf nur von Personen eingesetzt werden, deren körperliche und geistige Verfassung die Durchführung der Rettung erlauben.
22. Der Multifunktionsgurt BIG FIRELINER® darf in explosionsgefährdeten Bereichen eingesetzt werden, da es nicht möglich ist, durch den Stahlring und den Aluminiumkarabiner einen elektrischen Funken zu erzeugen.

2 Anwendung

2.2 Glossar: Bestandteile und Kennzeichnung

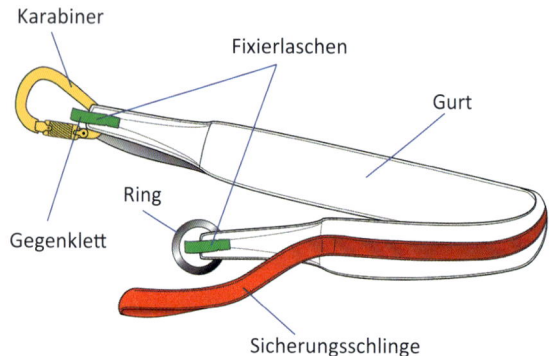

Bild 4: *Die Bestandteile des BIG FIRELINER®*

BIG FIRELINER®	Multifunktionsgurt für die Feuerwehr, komplett, mit Sicherungsschlinge, Ring, Karabinerhaken und zwei Fixierlaschen an beiden Enden
Gurt	Gurtband
Sicherungsschlinge	direkt am Gurtband angenäht
Ring	Metallring, an einem Ende des Gurtbandes angenäht
Karabiner	einseitig angenäht, Verschluss für den BIG FIRELINER®
Fixierlasche	jeweils an beiden Enden angenähte Stofflasche mit Klettstücken zur Fixierung in der Jacke
Gegenklett	zum Zurückschlagen der Fixierlasche
Leine	Feuerwehrleine, Seil

2.3 Allgemeine Informationen zum Gebrauch

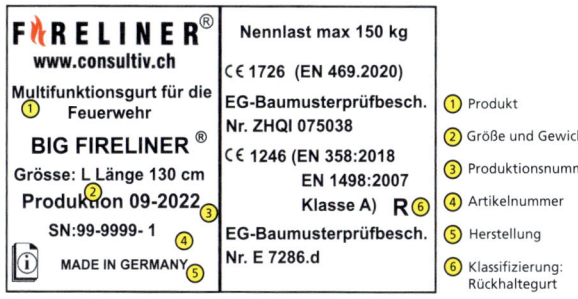

Bild 5: *Beispiel für die Produktkennzeichnung des BIG FIRELINER®*

2.3 Allgemeine Informationen zum Gebrauch

2.3.1 Kontrolle

Der BIG FIRELINER® ist vor jeder Benutzung einer visuellen Kontrolle zu unterziehen. Dazu ist der Reißverschluss am unteren Jackenrand zu öffnen und der Gurt zu prüfen. Die Funktionen des BIG FIRELINER® sind durch den Benutzer vor und nach jedem Einsatz zu überprüfen. Der BIG FIRELINER® als Persönliche Schutzausrüstung ist nach Bedarf, mindestens jedoch einmal innerhalb von zwölf Monaten, durch einen Sachkundigen zu überprüfen. Der Hersteller ist Sachkundiger. Er kann andere Sachkundige mit der Überprüfung beauftragen. Durch Absturz beanspruchte Persönliche Schutzausrüstungen zum Halten sowie gegen Absturz sind **sofort** der Benutzung zu entziehen und dem Hersteller zur Kontrolle einzusenden. Ebenso ist der BIG FIRELINER® sofort zu ersetzen, wenn Zweifel hinsichtlich seines sicheren Zustands auftreten.

2.3.2 Nach dem Einsatz

Karabiner öffnen und aus dem Ring nehmen. Beide Enden wieder in den Gurtklappen verstauen, die Klettlaschen mit der Jacke verbinden, die Klappen schließen. Nach jedem Gebrauch ist eine Sichtprüfung durchzuführen.

2.3.3 Lebensdauer

Die Lebensdauer der Gurte ergibt sich aus den Kontrollen. Sollten die mechanischen oder visuellen Kontrollen eine Beeinträchtigung der Qualität des Gurtes ergeben oder erahnen lassen, ist die Lebensdauer erloschen. Es besteht dann die Verpflichtung, die Ausrüstung umgehend durch den Hersteller kontrollieren und defekte Teile ersetzen zu lassen. Die maximale Lebens- bzw. Nutzungsdauer des Multifunktionsgurtes BIG FIRELINER® beträgt 18 Jahre.

2.3.4 Reinigung und Lagerung

Reinigen mit warmem Wasser bis 30 °C und Feinwaschmittel, im Schatten trocknen. Die Lagerung muss luftig, trocken, bei

2.3 Allgemeine Informationen zum Gebrauch

Raumtemperatur und vor direkter Sonneneinstrahlung geschützt erfolgen. Die textilen Gurtbänder müssen vor Säuren und Laugen geschützt werden. Sollten solche Flüssigkeiten oder Dämpfe an die Textilien gelangt sein, so sind diese sofort auszuwaschen. Zusätzlich muss der Gurt vor der nächsten Benutzung kontrolliert werden. Vor der Reinigung der Einsatzjacke muss der Gurt entfernt werden.

2.3.5 Transport

Zum Schutz der Ausrüstung soll der BIG FIRELINER® während des Transportes komplett in der Jacke verstaut sein; keine Teile dürfen frei herumhängen.

2.3.6 Erweiterte Produkthaftung

Im Zuge der erweiterten Produkthaftung weist der Hersteller darauf hin, dass bei einer Zweckentfremdung des Gerätes seitens des Herstellers keine Haftung übernommen wird. Veränderungen, Ergänzungen oder Reparaturen an der Ausrüstung dürfen nur durch den Hersteller vorgenommen werden. Wird die Ausrüstung in ein anderes Land verkauft, muss die Herstellerinformation in die entsprechende Landessprache übersetzt werden, damit der Käufer diese versteht. Beachten Sie auch die jeweils gültigen Vorschriften und Regelwerke.

2 Anwendung

2.4 Einsatzbereiche des BIG FIRELINER®

2.4.1 Halten/Sichern (nach EN 358)

Halten ist das Sichern von gefährdeten Personen und Einsatzkräften im absturzgefährdeten Bereich mit dem Ziel, einen Absturz zu verhindern. Ein Absturz bzw. ein Stürzen in das System muss ausgeschlossen werden.

Das Rückhalten von Personen dient der Einschränkung des Bewegungsraumes der zu sichernden Einsatzkraft. Ein Absturz wird ausgeschlossen, wenn verhindert wird, dass der Gehaltene/Gesicherte die Absturzkante erreicht. Einsatzgebiete sind Tätigkeiten auf Leitern, Böschungen und Flachdächern.

Das Halten/Sichern wird unterteilt in

- Halten auf Leitern,
- Halten auf Flächen ohne Sicherungsmann,
- Sichern als Sicherungsmann im absturzgefährdeten Bereich mit dem Gerätesatz Absturzsicherung,
- Rückhalten auf Flachdächern oder Böschungen nach vorne mit Sicherungsmann,
- Rückhalten auf Flachdächern oder Böschungen nach hinten mit Sicherungsmann,
- Sichern einer Person beim Leiterabstieg.

2.4 Einsatzbereiche des BIG FIRELINER®

2.4.2 Rettung (Selbst-/Fluchtrettung) nach EN 1498, Klasse A

Das Selbstretten ist eine Rettungsmethode, mit der sich Feuerwehrangehörige durch Abseilen mit Feuerwehrleine und dem BIG FIRELINER® aus Höhen in Sicherheit bringen können.

Diese Methode wird nur angewendet, wenn andere Rettungswege (beispielsweise Anleiterbereitschaft) nicht mehr benutzbar oder nicht mehr erreichbar sind und eine hohe Gefährdung für die Gesundheit oder das Leben der Einsatzkraft besteht. Diese Methode ist mit Risiken verbunden. Deshalb soll sie nur für den Notfall eingesetzt werden, in dem sich die gefährdete Person selbst in Sicherheit bringen muss und der normale Rettungsweg versperrt ist.

2.4.3 Notfallrettung einer Einsatzkraft

Die Notfallrettung ist eine Rettungsmethode, mit der Feuerwehrangehörige einen bewegungsunfähigen Feuerwehrangehörigen mithilfe des BIG FIRELINER® schnell aus der Gefahrenzone transportieren können (»Crash-Rettung«).

3 Ausbildungsgrundlagen

3.1 Einlegen in die Einsatzjacke

Der Multifunktionsgurt BIG FIRELINER® muss für den normgerechten Einsatz gemäß nachfolgender Beschreibung in die Jacke eingesetzt werden.

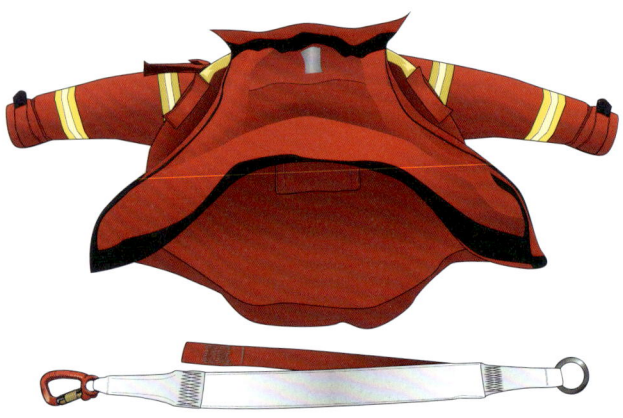

Bild 6a: *Service-Reißverschluss am Saum öffnen.*

3.1 Einlegen in die Einsatzjacke

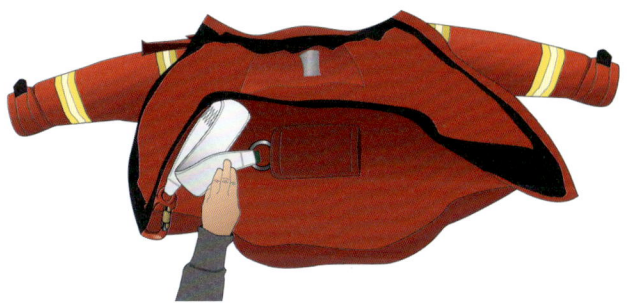

Bild 6b: *Gurt mit Ring voraus durch den Rückentunnel ziehen.*

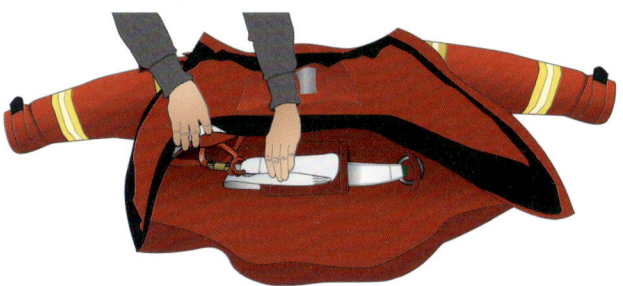

Bild 6c: *Links und rechts auf Seitennaht durch die angebrachte Lasche ziehen.*

3 Ausbildungsgrundlagen

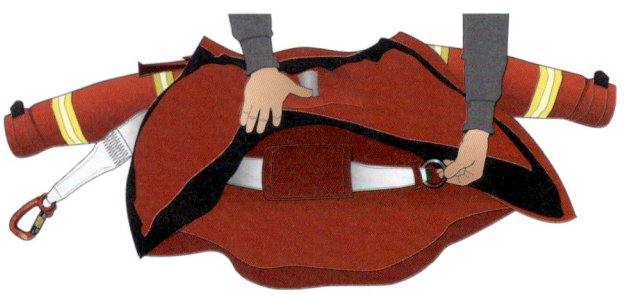

Bild 6d: *Karabiner rechts in den Brusttunnel ein- und durchführen, vorne aus der Jacke raus.*

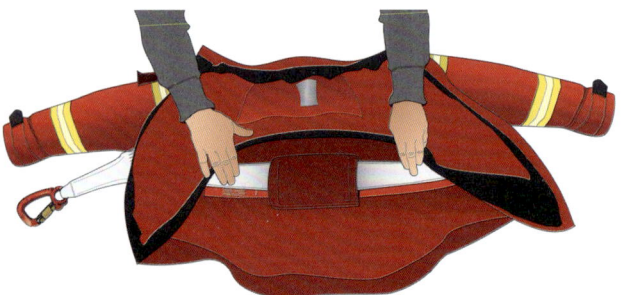

Bild 6e: *Rote Sicherungsschlinge ohne Verdrehungen durch den Rückentunnel führen.*

3.1 Einlegen in die Einsatzjacke

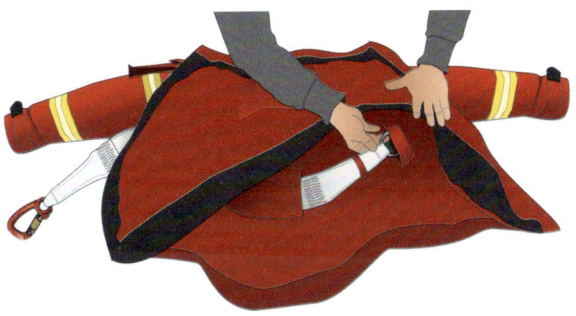

Bild 6f: *Ring links in den Brusttunnel ein- und durchführen, vorne aus der Jacke raus.*

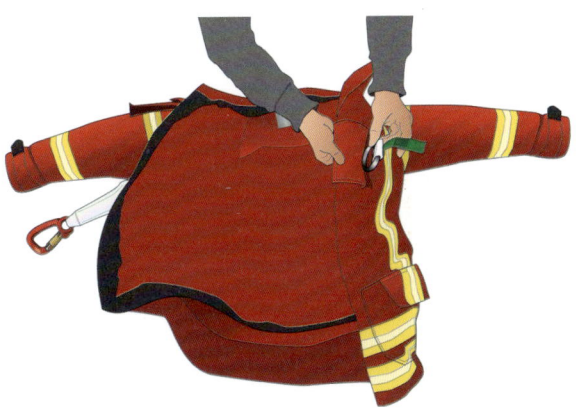

Bild 6g: *Karabiner und Ring aus der Jacke rausziehen.*

3 Ausbildungsgrundlagen

Bild 6h: *Klett auf grünen Fixierlaschen mit den Klettverschlüssen an der Jacke verbinden.*

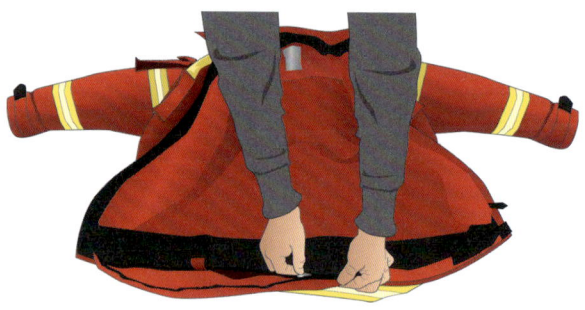

Bild 6i: *Service-Reißverschluss am Saum schließen.*

3.2 Einsatzvorbereitung

Bild 6j: *Kontrolle: grüne Laschen gut an der Jacke fixiert?*

3.2 Einsatzvorbereitung

Der Multifunktionsgurt FIRELINER® verbleibt bei allen Tätigkeiten geschützt in der Bekleidung. Erst bei geplantem/möglichem Einsatz ist er zu schließen. Das Schließen findet auf Augenhöhe statt und ist so kontrollierbar. Die Sicherheit dieses Vorgehens ist jederzeit gewährleistet. Vorgang: Jacke schließen, die rechte Gurtklappe auf der Brust öffnen, Klett von der Jacke lösen und Gurt bis zur Brustmitte rausziehen. Danach Gurtklappe links öffnen, Klett von der Jacke lösen und Gurt links bis zur Brustmitte herausziehen. Karabinerhaken von innen nach außen mit dem Ring verbinden (dadurch bewegt

3 Ausbildungsgrundlagen

sich der Ring auf der geschlossenen Seite des Karabiners), mit Gegenzug kontrollieren, ob der Karabiner ordnungsgemäß geschlossen ist. Beide Fixierlaschen links und rechts zurückklappen und auf dem entsprechenden Klettstück fixieren. Jetzt ist der BIG FIRELINER® einsatzbereit. Der Benutzer muss vor dem Einsatz sicherstellen, dass die Empfehlungen für den Gebrauch mit anderen Bestandteilen des Systems eingehalten werden.

Bild 7a: *Gurt rausziehen rechts.*

Bild 7b: *Gurt rausziehen links.*

3.2 Einsatzvorbereitung

Bild 7c: Karabinerhaken in den Ring einhängen.

Bild 7d: Der Karabinerhaken im Ring verbindet die beiden Gurtenden; das System ist geschlossen.

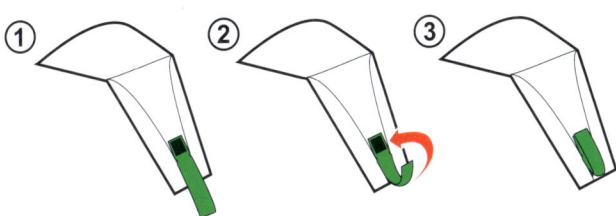

Bild 7e: Beide Fixierlaschen zurückschlagen, auf Gegenklett fixieren. Jetzt ist der BIG FIRELINER® einsatzbereit.

3 Ausbildungsgrundlagen

3.3 Halten auf Leitern

Die gesicherte Person kann sich mittels Sicherung durch die Sicherungsschlinge in der Arbeitsposition halten, ohne abzurutschen.

Bild 8a: *Sicherungsschlinge herausziehen.*

3.3 Halten auf Leitern

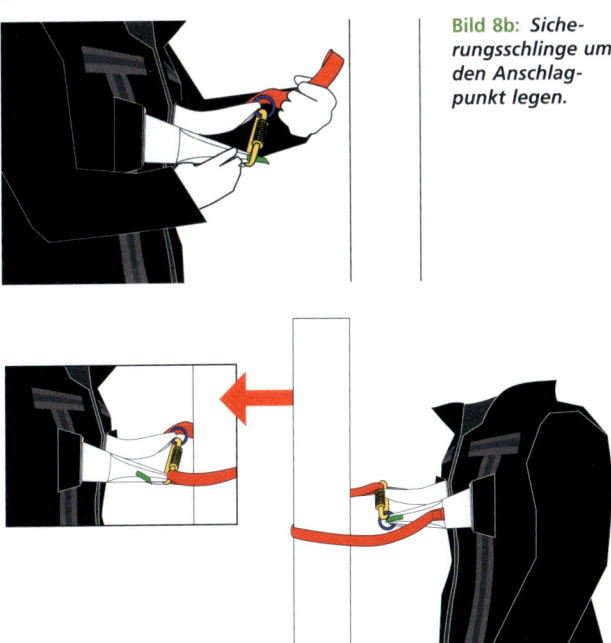

Bild 8b: *Sicherungsschlinge um den Anschlagpunkt legen.*

Bild 8c: *Sicherungsschlinge wieder im Karabiner einhängen.*

3 Ausbildungsgrundlagen

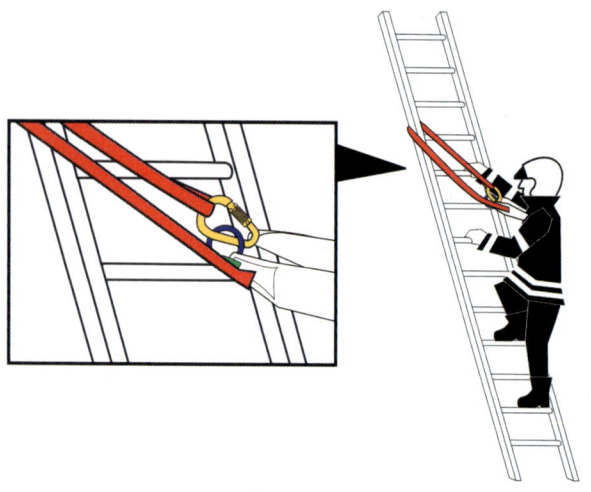

Bild 8d: *Endposition beim Halten auf Leitern*

Zu beachten ist:
- Die Sicherungsschlinge muss jederzeit straff geführt sein.
- Die Sicherungsschlinge darf nicht über scharfe Kanten geführt werden.
- Der Anschlagpunkt muss möglichst senkrecht über dem zu Sichernden sein.
- Es kann bei Übertreten eines Holmens zu einer Pendelbewegung gegen das Gebäude/die Struktur kommen.

3.4 Halten auf Flächen, ohne Sicherungsmann

Die gesicherte Person steht auf einer großen weiträumigen Fläche in sicherem Abstand zu bestehenden Absturzkanten. Mit einer Sicherungsschlinge ist der Bewegungsfreiraum so begrenzt, dass ein Erreichen der Absturzkante unmöglich ist. Vorsicht: Es darf kein freier Fall auftreten, das Rückhalten muss sichergestellt sein.

Bild 9a: *Sicherungsschlinge herausziehen.*

3 Ausbildungsgrundlagen

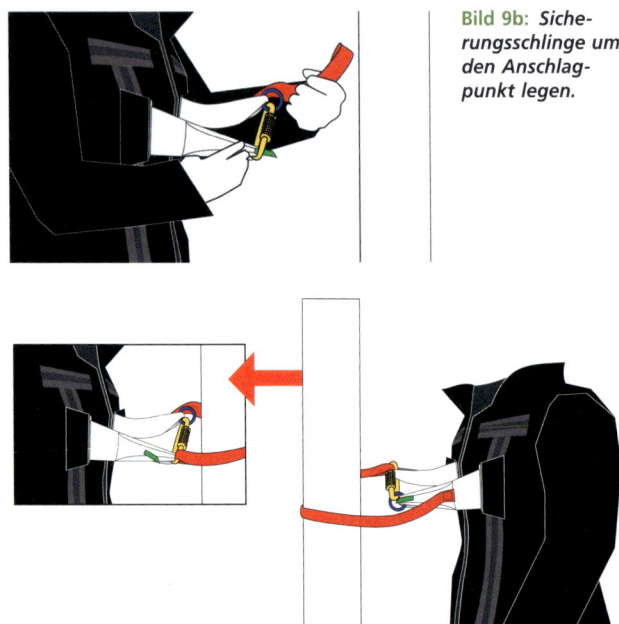

Bild 9b: *Sicherungsschlinge um den Anschlagpunkt legen.*

Bild 9c: *Sicherungsschlinge wieder im Karabiner einhängen.*

3.5 Halten im Korb einer Drehleiter

Bild 9d: *Endposition. Für längere Distanzen kann eine zusätzliche Bandschlinge/Leine als Verlängerung eingesetzt werden. Jedoch darf nicht über den Anschlagpunkt hochgestiegen werden.*

3.5 Halten im Korb einer Drehleiter

Falls die moderne Drehleiter herstellerseitig mit einer flexiblen Selbstsicherung ausgerüstet ist, bestehen zwei Möglichkeiten, sich mit dem BIG FIRELINER® darin zu halten. Entweder wird der Karabiner an den Ring oder in die richtig verwendete Sicherungsschlinge des BIG FIRELINER® eingeklinkt.

3   Ausbildungsgrundlagen

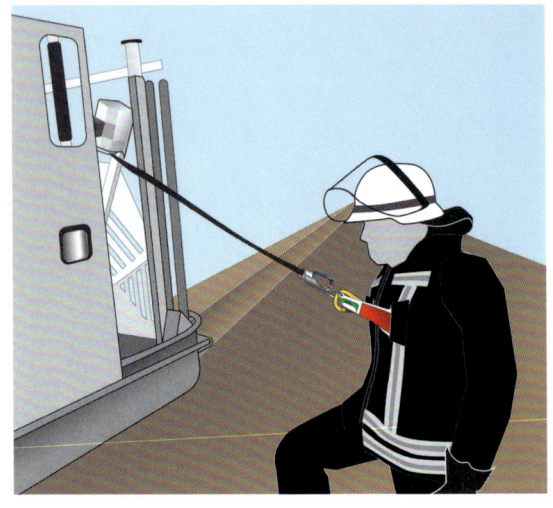

Bild 10a: *Den Karabiner an den Ring einklinken.*

3.5 Halten im Korb einer Drehleiter

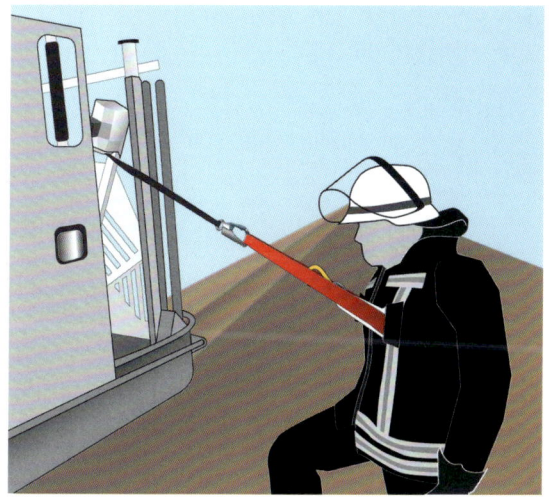

Bild 10b: *Den Karabiner an die richtig verwendete Sicherungsschlinge einklinken.*

Die Einsatzkraft kann nun aus dem Korb austeigen und z. B. Arbeiten auf Dächern durchführen. Die Bandlänge der flexiblen Selbstsicherung begrenzt hierbei den Aktionsradius.

Warnung
Es darf nicht höher über die Befestigung des Rückhaltesystems an der Drehleiter gestiegen werden. Es ist kein falldämpfendes Element eingebaut, das ein Auffangen ermöglicht.

3 Ausbildungsgrundlagen

3.6 Sichern im absturzgefährdeten Bereich als Sicherungsmann

Wird eine Einsatzkraft im Auffanggurt (z. B. nach. EN 361 und EN 813) mit dem Gerätesatz Absturzsicherung im absturzgefährdeten Bereich gesichert, muss der Sicherungsmann sich gegen Weglaufen und Nichterreichen des absturzgefährdeten Bereichs sichern. Dazu fixiert er sich an der Struktur des Gebäudes oder am Kernmanteldynamikseil mit der Sicherungsschlinge des BIG FIRELINER®. Im absturzgefährdeten Bereich darf der Vorsteiger keinen BIG FIRELINER® verwenden, es muss ein Auffanggurt nach EN 361 und EN 813 verwendet werden.

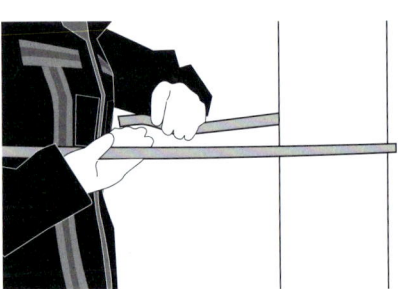

Bild 11a: *Sicherungsstand aufbauen: Kernmanteldynamikseil um den Anschlagspunkt fixieren.*

3.6 Sichern als Sicherungsmann

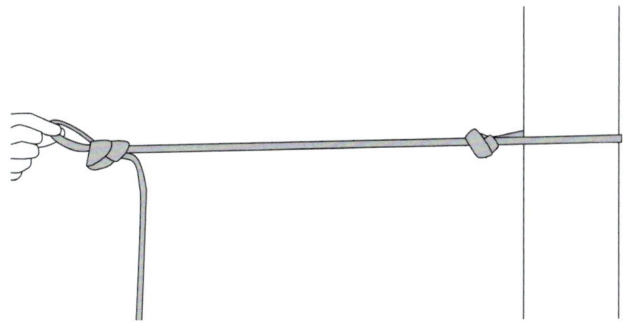

Bild 11b: *Kernmanteldynamikseil mit Achter-Knoten abbinden.*

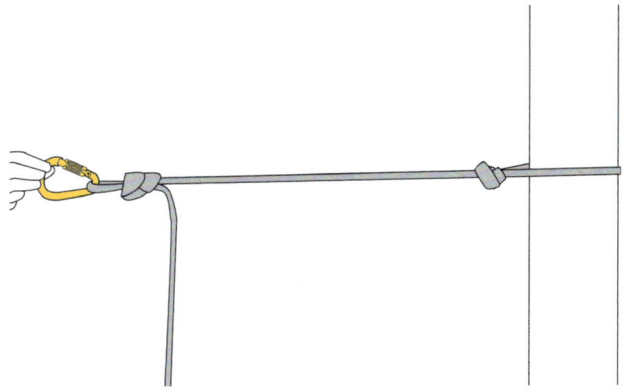

Bild 11c: *HMS-Karabiner in Achter-Knoten einlegen.*

3   Ausbildungsgrundlagen

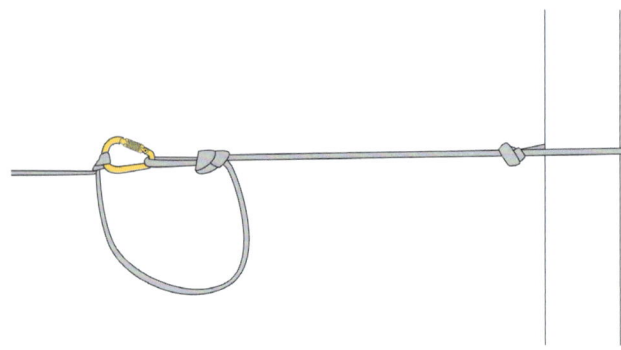

Bild 11d: *Kernmanteldynamikseil von Vorsteiger (zu gesicherter Person) kommend in HMS-Karabiner einlegen.*

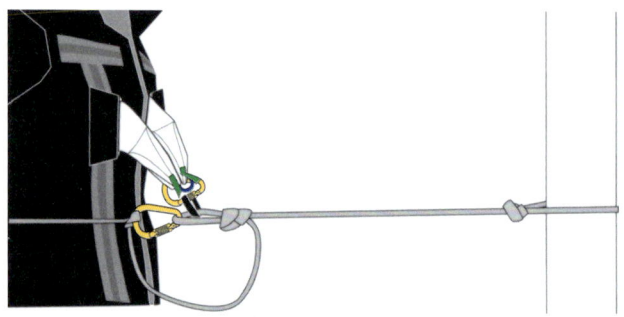

Bild 11e: *Sichernde Person über die Sicherungsschlinge und den Karabiner mit dem Achter-Knoten verbinden.*

3.7 Rückhalten auf Flachdächern mit Sicherungsmann

Bild 11f: *Seilende des Kernmanteldynamikseils mittels Achter-Knoten im Auffanggurt beim Vorsteiger fixieren: Endposition.*

3.7 Rückhalten auf Flachdächern oder Böschungen, nach vorne, mit Sicherungsmann

Der Sicherungsmann steht auf einer großen weiträumigen Fläche in sicherem Abstand zu bestehenden Absturzkanten. Mit einer Sicherungsleine ist der Bewegungsfreiraum so be-

3 Ausbildungsgrundlagen

grenzt, dass ein Erreichen der Absturzkante unmöglich ist. Vorsicht: Es darf kein freier Fall auftreten, ein Rückhalten muss sichergestellt sein.

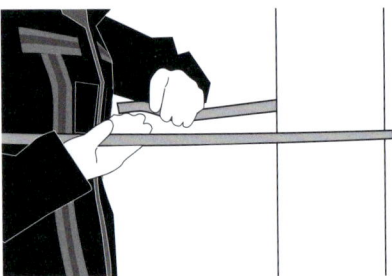

Bild 12a: *Sicherungsstand aufbauen: Leine um den Anschlagspunkt fixieren.*

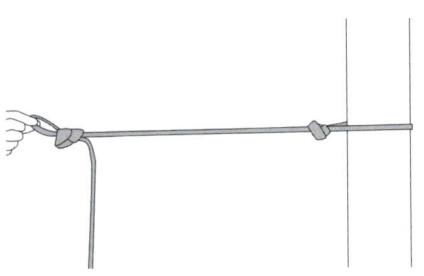

Bild 12b: *Leine mit Achter-Knoten abbinden.*

3.7 Rückhalten auf Flachdächern mit Sicherungsmann

Bild 12c: *Karabiner in Achter-Knoten einlegen.*

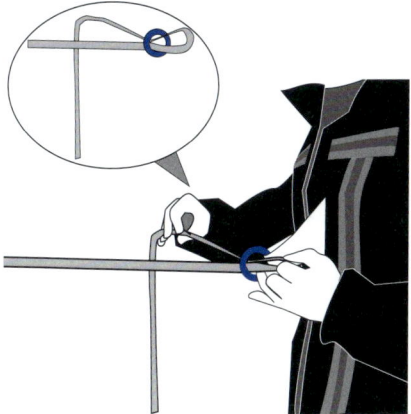

Bild 12d: *HMS-Knoten erstellen: In die vom Vorsteiger kommende Leine eine Bucht einlegen und durch den Ring stecken, ...*

3 Ausbildungsgrundlagen

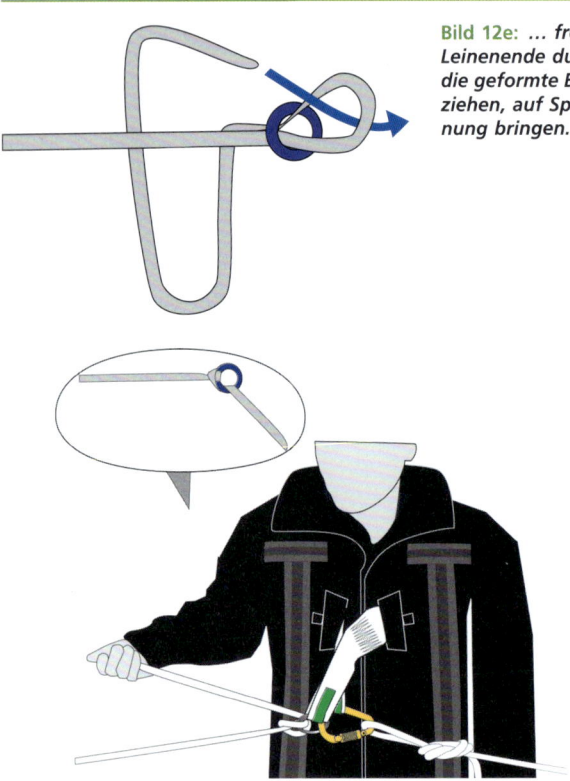

Bild 12e: ... *freies Leinenende durch die geformte Bucht ziehen, auf Spannung bringen.*

Bild 12f: *HMS-Knoten in den Ring eingelegt, der Sicherungsmann ist fertig eingebunden. Hinweis: Die linke Führungshand ist wegen der Übersichtlichkeit des Bildes nicht an der Führungsleine.*

3.7 Rückhalten auf Flachdächern mit Sicherungsmann

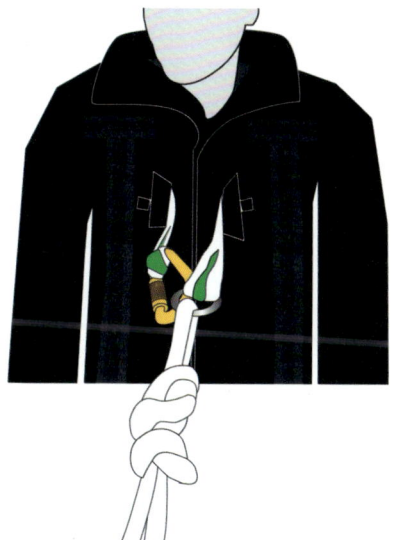

Bild 12g: *Der Vorsteiger ist mit einem Achter-Knoten in den Ring des BIG FIRELINER® eingebunden.*

3 Ausbildungsgrundlagen

Bild 12h: *Endposition bei Böschungen*

3.7 Rückhalten auf Flachdächern mit Sicherungsmann

Bild 12i: *Endposition bei Flachdächern*

Warnung
Das Stürzen in den Gurt muss ausgeschlossen sein!

3.8 Rückhalten auf Flachdächern oder Böschungen, nach hinten, mit Sicherungsmann

Der Sicherungsmann steht auf einer großen weiträumigen Fläche in sicherem Abstand zu bestehenden Absturzkanten. Mit einer Sicherungsleine ist der Bewegungsfreiraum so begrenzt, dass ein Erreichen der Absturzkante unmöglich ist. Vorsicht: Es darf kein freier Fall auftreten, ein Rückhalten muss sichergestellt sein.

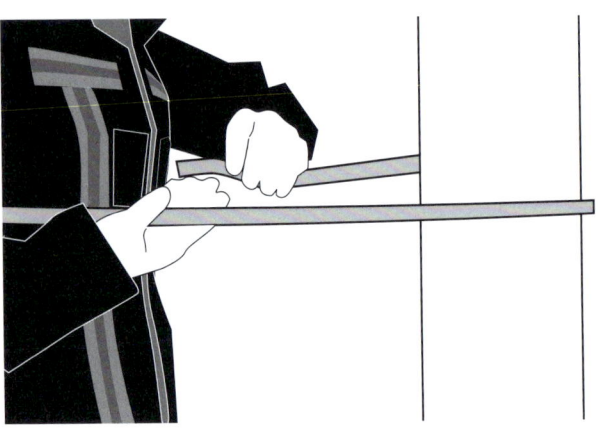

Bild 13a: *Sicherungsstand aufbauen: Leine um den Anschlagspunkt fixieren.*

3.8 Rückhalten nach hinten

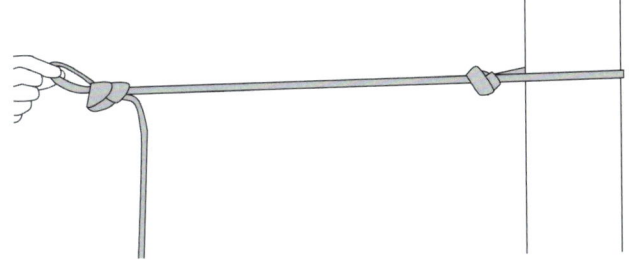

Bild 13b: *Leine mit Achter-Knoten abbinden.*

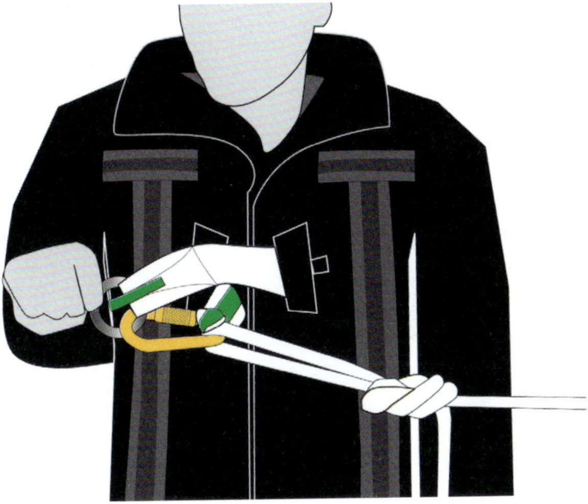

Bild 13c: *Karabiner in Achter-Knoten einlegen.*

3   Ausbildungsgrundlagen

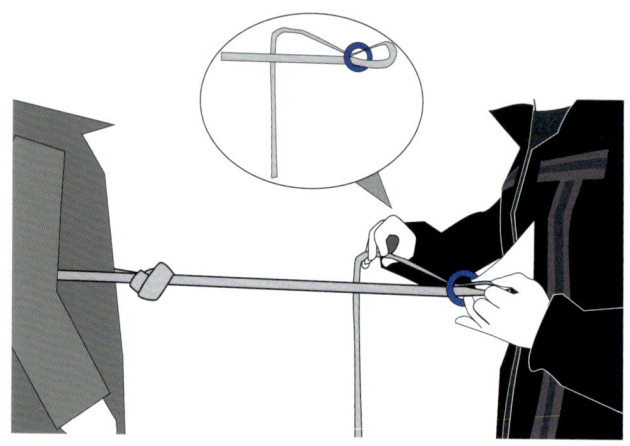

Bild 13d: *HMS-Knoten erstellen: In die vom Vorsteiger kommende Leine eine Bucht einlegen und durch den Ring stecken, ...*

Bild 13e: *... freies Leinenende durch die geformte Bucht ziehen und auf Spannung bringen.*

3.8 Rückhalten nach hinten

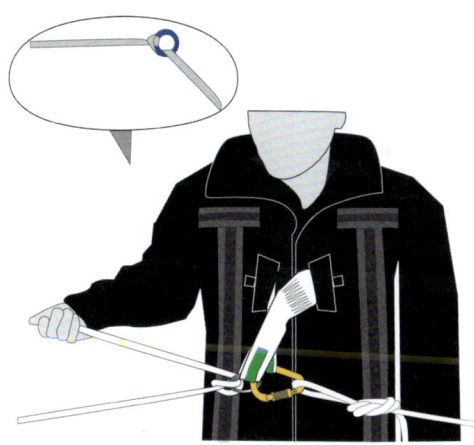

Bild 13f: *Der HMS-Knoten ist in den Ring eingelegt, der Sicherungsmann ist fertig eingebunden. Hinweis: Die linke Führungshand ist wegen der Übersichtlichkeit des Bildes nicht an der Führungsleine.*

3 Ausbildungsgrundlagen

Bild 13g: *Der Vorsteiger ist mit dem Achter-Knoten in den Ring des BIG FIRELINER® eingebunden.*

Bild 13h: *Der Vorsteiger führt die Leine unter dem Arm nach hinten.*

3.8 Rückhalten nach hinten

Bild 13i: *Endposition auf Böschungen*

3 Ausbildungsgrundlagen

Bild 13j: *Endposition auf Flachdächern*

Warnung

Das Stürzen in den Gurt muss ausgeschlossen sein!

3.9 Sichern einer zu rettenden Person

Die sichernde Person (Sicherungsmann) ist über einen Anschlagpunkt (fixer Haltepunkt) gesichert, die sichernde Person

3.9 Sichern einer zu rettenden Person

hält Sichtkontakt zur gesicherten Person. Achtung: Die sichernde Person (Sicherungsmann) nicht in die Lastkette einbinden!

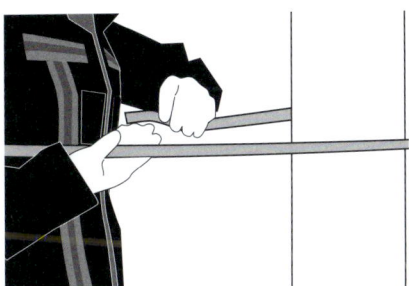

Bild 14a: *Sicherungsstand aufbauen. Leine um den Anschlagspunkt fixieren.*

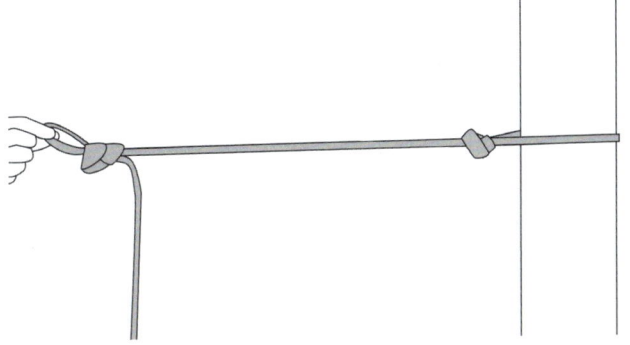

Bild 14b: *Leine mit Achter-Knoten abbinden.*

3 Ausbildungsgrundlagen

Bild 14c: *Karabiner in Achter-Knoten einlegen.*

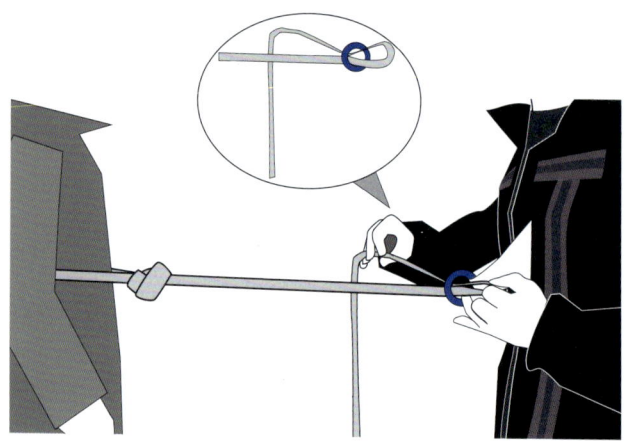

Bild 14d: *HMS-Knoten erstellen: In die von der zu rettenden Person kommende Leine eine Bucht einlegen und durch den Ring stecken, ...*

3.9 Sichern einer zu rettenden Person

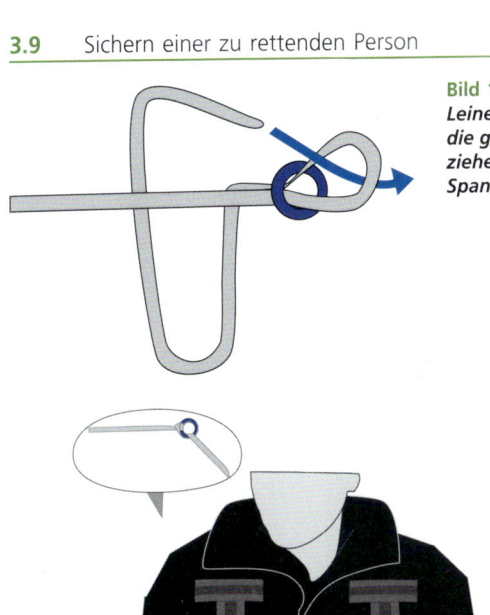

Bild 14e: *... freies Leinenende durch die geformte Bucht ziehen und auf Spannung bringen.*

Bild 14f: *Der HMS-Knoten ist in den Ring eingelegt, der Sicherungsmann ist fertig eingebunden. Hinweis: Die linke Führungshand ist wegen der Übersichtlichkeit des Bildes nicht an der Führungsleine.*

3 Ausbildungsgrundlagen

Bild 14g: *Die zu sichernde Person wird mit dem Brustbund (Deutschland: FwDV 1, Kapitel 16.2 und 18.1.2) in die Leine eingebunden.*

3.9 Sichern einer zu rettenden Person

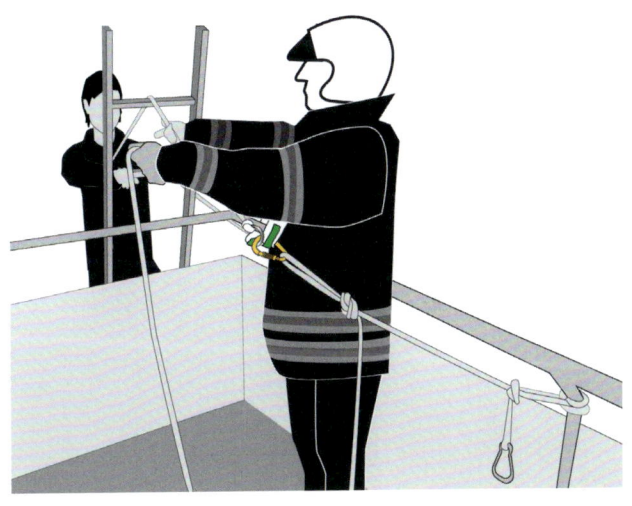

Bild 14h: *Endposition ...*

3 Ausbildungsgrundlagen

Bild 14i: *... Retten einer Person über Leiter*

Hinweis für die Kapitel 3.7 bis 3.9:

Die Person im Sicherungsstand mit der Feuerwehrleine darf sich nicht lösen und weggehen, solange eine zu sichernde Person im Gefahrenbereich unterwegs ist. Erst wenn die Person im sicheren Bereich und die Sicherungsstrecke entlastet ist, kann der Karabiner aus der Öse des Multifunktionsgurtes BIG FIRELINER® gelöst und aus der Jacke gezogen werden. Ab diesem Moment darf der Sicherungsstand notfallmäßig verlassen werden.

3.10 Rettung (Selbst-/Fluchtrettung)

Das Selbstretten ist eine Rettungsmethode, mit der sich Feuerwehrangehörige durch Abseilen mit der Feuerwehrleine und dem BIG FIRELINER® aus Höhen in Sicherheit bringen können.

Diese Methode wird nur angewendet, wenn andere Rettungswege (beispielsweise Anleiterbereitschaft) nicht mehr benutzbar oder nicht mehr erreichbar sind und eine hohe Gefährdung für die Gesundheit oder das Leben der Einsatzkraft besteht. Diese Methode ist mit Risiken verbunden. Deshalb soll sie nur für den Notfall eingesetzt werden, in dem sich die gefährdete Person selbst in Sicherheit bringen muss und der normale Rettungsweg versperrt ist.

Vorgehen: **A**nschlagen/**E**inbinden/**G**ehen

Das Aussteigen erfolgt mit der Körperseite zur Wand, also im 90-Grad-Winkel zur Mauer. Die Führungshand, mit der die Feuerwehrleine geführt wird, wird nach draußen gehalten.

Warnung

Die HMS als Abseilsystem kann bei bestimmten Seilführungen selbstständig die Verschlusssicherung des Karabiners öffnen, z. B. wenn das zur Bremshand führende Seil über die Verschlusssicherung des Karabinerhakens geführt wird. Als Folge kann eine Seilumschlingung ausfädeln. Deshalb **muss** für die Selbstrettung **ausschließlich der Ring verwendet** werden und das Seil darf nicht durch den Karabiner gezogen werden:

3 Ausbildungsgrundlagen

> Die Abseilgeschwindigkeit wird durch die Haltekraft der Bremshand geregelt. Mit der freien Hand und mit den Füßen wird der Körper stabilisiert und vom Gebäude/dem Objekt ferngehalten.

3.10.1 Selbstrettung

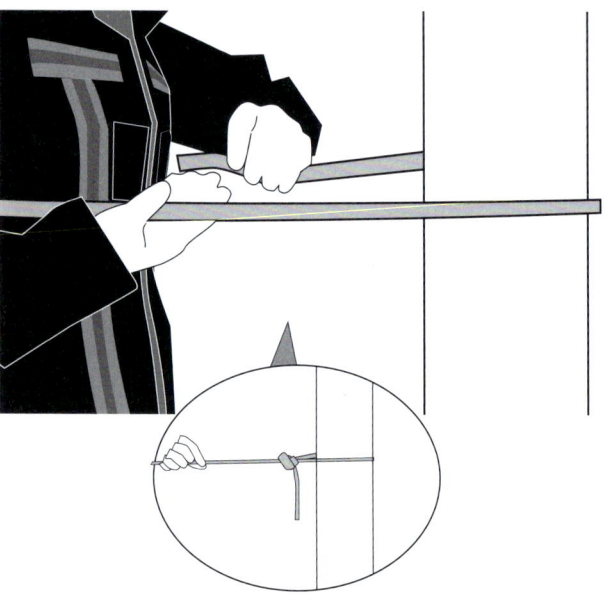

Bild 15a: *Leine um den Anschlagspunkt befestigen.*

3.10 Rettung (Selbst-/Fluchtrettung)

 Warnung
Bei Selbstrettungsübungen sind die Hinweise der FwDV 1 Seite 146; Kapitel 18.2.3 zu beachten

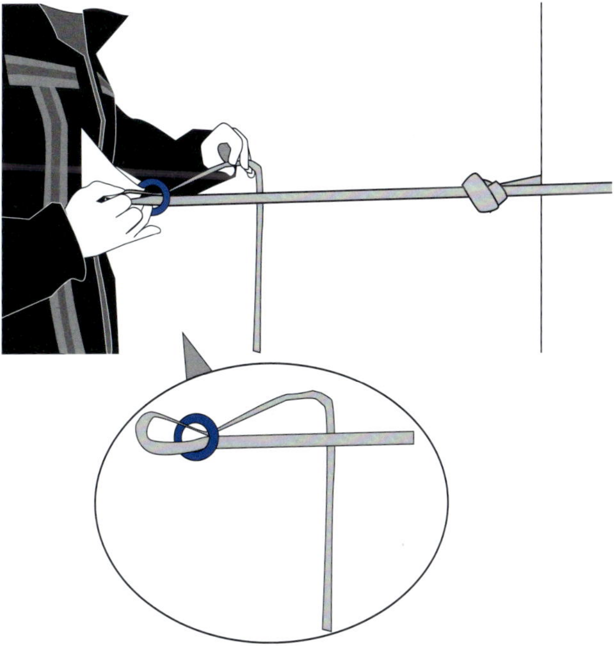

Bild 15b: *Mit der Leine eine Bucht formen, diese durch den Ring ziehen.*

3 Ausbildungsgrundlagen

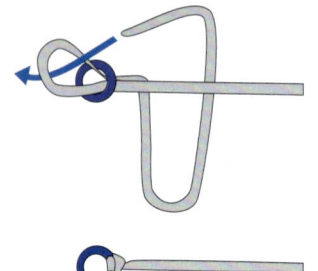

Bild 15c: *Das freie Leinenende durch die geformte Bucht ziehen ...*

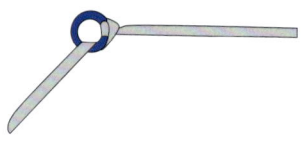

Bild 15d: *... und auf Spannung bringen.*

Bild 15e: *Die Leine nach unten werfen; die Kontrollhand (hier die rechte Hand) greift die nach unten abgehende Leine (Bremsseil) zur Kontrolle der Abseilgeschwindigkeit.*

3.10 Rettung (Selbst-/Fluchtrettung)

Bild 15f: *Beim Ausstieg muss das Bremsseil jederzeit über die Kontrollhand kontrolliert und geführt werden.*

3 Ausbildungsgrundlagen

Bild 15g: *Beim Abseilen muss das Bremsseil jederzeit über die Kontrollhand kontrolliert und geführt werden. Die Geschwindigkeit wird über die Kontrollhand gesteuert.*

3.10.2 Erweiterung des BIG FIRELINER® um die Notverbindung (NoVe)

Ein Problem bei der Selbstrettung stellt häufig die Suche nach einem geeigneten Anschlagpunkt und das richtige Befestigen an diesem dar. Bislang gibt es lediglich die Möglichkeit, an großen Möbelstücken (Tisch, Sofa) oder Heizkörper anzuschlagen. Erfahrungsgemäß ist für Ungeübte, speziell in einer Stresssituation wie der Selbstrettung, das richtige Anschlagen des Seiles an einem Objekt dieser Größe bzw. das Aussteigen beim Anschlagen an Heizkörper kaum möglich. Es werden häufig falsche Knoten angewendet oder der an der Leine angebrachte Karabiner falsch eingesetzt, wodurch das Risiko eines Absturzes

3.10 Rettung (Selbst-/Fluchtrettung)

generiert wird. Deshalb ist in einer Stresssituation wie der Selbstrettung eine einfache Handhabung lebenswichtig.

Als ergänzende Lösung ist die Verwendung der Notverbindung (NoVe) zu empfehlen. Diese ermöglicht es, durch einfaches Verklemmen und Unterkeilen eine Anschlagmöglichkeit herzustellen, an der die Feuerwehrleine mit einem Achter-Knoten an einem Karabiner eingehängt werden kann.

Die NoVe ist für den ausschließlichen Einsatz durch Feuerwehren entwickelt worden. Das Ziel ist es, im Falle einer Selbstrettung schnell und einfach einen Anschlagpunkt für die Feuerwehrleine zu erstellen.

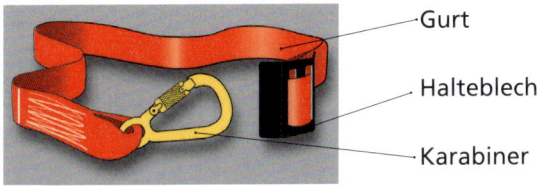

Bild 16: *Bestandteile der Notverbindung (NoVe)*

3.10.2.1 Hinweise zur Sicherheit

Beim Gebrauch der NoVe sind nachstehende Sicherheitshinweise zu beachten:
1. Vor der Benutzung der NoVe muss diese Herstellerinformation gelesen und verstanden werden.
2. Wenn die vor den Arbeiten durchgeführte Gefährdungsbeurteilung zeigt, dass im Falle eines Sturzes

3 Ausbildungsgrundlagen

eine Belastung über eine Kante möglich ist, müssen angemessen Vorsichtsmaßnahmen getroffen werden.

3. Die NoVe ist eine Notfallverbindung für die Selbstrettung. Der Anwender muss in der Benutzung unterwiesen oder während des Einsatzes der direkten Kontrolle einer unterwiesenen Fachperson unterstellt sein.
4. Sie darf grundsätzlich nur zur Selbstrettung eingesetzt werden.
5. Ein Absturz muss grundsätzlich ausgeschlossen sein! Die NoVe ist nicht für Auffangzwecke geeignet!
6. Die Verbindung mit einem Falldämpfer ist nicht gestattet.
7. Leinen, Band- und Sicherungsschlingen sind immer straff zu führen, Schlaffleine ist zu vermeiden!
8. Für Ausbildung und Übung ist zwingend eine zweite Sicherung durch ein geeignetes Sicherungssystem erforderlich, z. B. Auffanggurt nach EN 361 in Verbindung mit dem Gerätesatz Absturzsicherung nach DIN 14800-17.
9. Leinen, Band- und Sicherungsschlingen sind vor scharfen Kanten zu schützen.
10. Die NoVe darf nicht im Schnürgang verwendet werden.
11. Die NoVe darf ausschließlich bestimmungsgemäß verwendet werden.
12. Vor Einsätzen und Übungen muss ein Partner-Check (Vier-Augen-Prinzip) erfolgen. Dabei sind insbeson-

dere Anschlagpunkte, Karabinerverschlüsse, Knoten und die Halbmastwurfsicherung zu überprüfen.
13. Bei Übungen ist dringend darauf zu achten, dass die Tür gegen unbeabsichtigtes Öffnen durch Dritte gesichert wird!
14. Die sichernde Person nie direkt in die Sicherungskette einbinden!
15. Vor dem Benutzen der Ausrüstung sollte sichergestellt werden, wie eine möglicherweise notwendige Rettung sicher erreicht werden kann.
16. Nach jedem Einsatz muss die NoVe überprüft werden.
17. Das Beschriften der NoVe mit lösungsmittelhaltigen Schreibern ist ausdrücklich verboten! Eine solche Beschriftung führt zum Erlöschen der Garantie.

3.10.2.2 Kontrolle

Die NoVe ist vor jeder Benutzung einer visuellen Kontrolle zu unterziehen. Die Funktion der NoVe ist durch den Benutzer vor und nach jedem Einsatz mittels Sicht- und Funktionskontrolle zu überprüfen. Die NoVe ist nach Bedarf, mindestens jedoch einmal innerhalb von zwölf Monaten, durch einen Sachkundigen zu überprüfen. Der Hersteller ist Sachkundiger. Er kann andere Sachkundige mit der Überprüfung beauftragen. Durch Absturz beanspruchte Teile zum Halten sowie gegen Absturz sind **sofort** der Benutzung zu entziehen und dem Hersteller zur Kontrolle einzusenden. Ebenso ist die NoVe sofort zu ersetzen, wenn Zweifel hinsichtlich ihres sicheren Zustandes auftreten.

3 Ausbildungsgrundlagen

3.10.2.3 Lebensdauer

Die Lebensdauer der NoVe ergibt sich aus den Kontrollen durch den Anwender (vor und nach dem Einsatz) und/oder durch die jährliche Prüfung des Sachkundigen. Sollten diese Kontrollen eine Beeinträchtigung der Qualität des Gurtes ergeben oder erahnen lassen, ist die Lebensdauer erloschen. Es besteht dann die Verpflichtung, die Ausrüstung umgehend durch den Hersteller kontrollieren und defekte Teile ersetzen zu lassen. Die Lebensdauer ist beschränkt auf 18 Jahre.

3.10.2.4 Reinigung und Lagerung

Reinigen mit warmen Wasser bis 30° C und Feinwaschmittel, im Schatten trocknen. Die Lagerung muss luftig, trocken, bei Raumtemperatur und vor direkter Sonneneinstrahlung geschützt erfolgen. Das textile Gurtband muss vor Säuren und Laugen geschützt werden. Gerät die NoVe in Kontakt mit solchen Flüssigkeiten oder Dämpfen, muss sie ersetzt werden.

3.10.2.5 Transport

Zum Schutz der Ausrüstung muss die NoVe während des Transportes komplett verstaut sein; keine Teile dürfen herumhängen. Eine spezielle Tasche ist bereitgestellt.

3.10 Rettung (Selbst-/Fluchtrettung)

3.10.2.6 Erweiterte Produkthaftung

Im Zuge der Produkthaftung weist der Hersteller darauf hin, dass bei einer Zweckentfremdung des Geräts seitens des Herstellers keine Haftung übernommen wird. Veränderungen, Ergänzungen oder Reparaturen an der Ausrüstung dürfen nur durch den Hersteller vorgenommen werden. Wird die Ausrüstung in ein anderes Land verkauft, muss die Herstellerinformation in die entsprechende Landessprache übersetzt werden, damit der Käufer diese versteht. Beachten Sie auch die jeweiligen gültigen Vorschriften und Regelwerke.

3.10.2.7 Werkstoff und Prüfungen

Die NoVe beinhaltet eine Metallplatte aus Aluminium, einen Karabiner aus Aluminium, ein Gurtband aus Aramiden sowie eine Tasche aus Kevlar mit Silikon-Karbon-Beschichtung. Die NoVe ist geprüft nach EN 795:2012, Abschnitt 5.4.4.1 und EN 354:2010, Abschnitt 5.7.

3.10.2.8 Einsatzbereich der NoVe

Die NoVe ist ausschließlich für die Selbstrettung bei der Feuerwehr entwickelt worden. Sie ermöglicht durch einfaches Einhängen an Türen, jederzeit einen Anschlagpunkt für die Feuerwehrleine zu erstellen.

3 Ausbildungsgrundlagen

3.10.2.9 Lebensdauer

Diese erlischt nach 18 Jahren. Die NoVe muss vorher ausgesondert werden, wenn der Zustand nicht mehr dem neuwertigen Zustand entspricht.

3.10.2.10 Einsatzmöglichkeiten/Einsatztechnik

1. Außen angeschlagene Tür

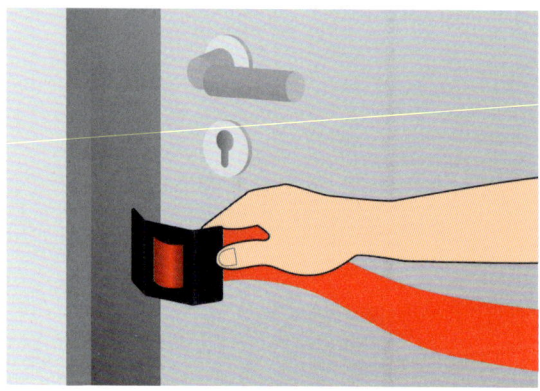

Bild 17a: *Bei einer außen angeschlagenen Tür wird das Halteblech etwas unterhalb des Türgriffes in den Spalt der geöffneten Tür eingelegt.*

3.10 Rettung (Selbst-/Fluchtrettung)

Bild 17b: *Beim Schließen der Tür ist darauf zu achten, dass das Halteblech mit der Tür beigezogen wird, so dass es möglichst press anliegt.*

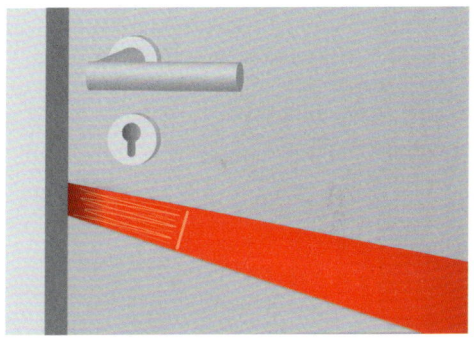

Bild 17c: *Nachdem die Tür geschlossen wurde, durch Zug am Gurt das Blech noch einmal beiziehen.*

3 Ausbildungsgrundlagen

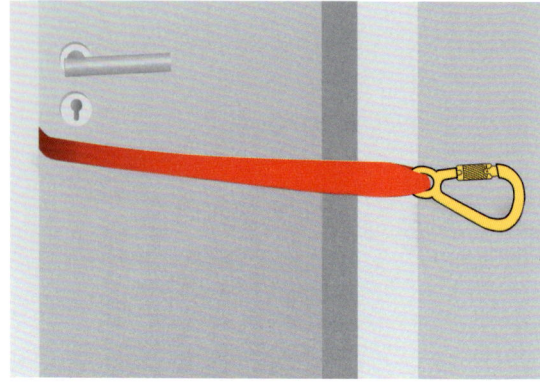

Bild 17d: *Die NoVe ist nun einsatzbereit und kann mit der Feuerwehrleine verbunden werden.*

Wahlweise kann die NoVe auf gleicher Höhe an der Scharnierseite eingelegt werden. Der weitere Verlauf der Selbstrettung entspricht dem üblichen Vorgehen der Selbstrettung (FwDV 1).

3.10 Rettung (Selbst-/Fluchtrettung)

2. Innen angeschlagene Tür

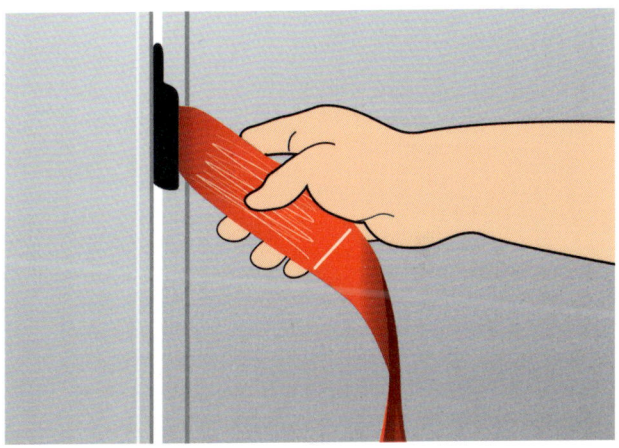

Bild 18a: *Bei einer innen angeschlagenen Tür wird das Halteblech etwas unterhalb der Türmitte, von der Rückseite der geöffneten Tür, durch den Spalt zwischen Türblatt und -rahmen an der Scharnierseite, geschoben und positioniert.*

3   Ausbildungsgrundlagen

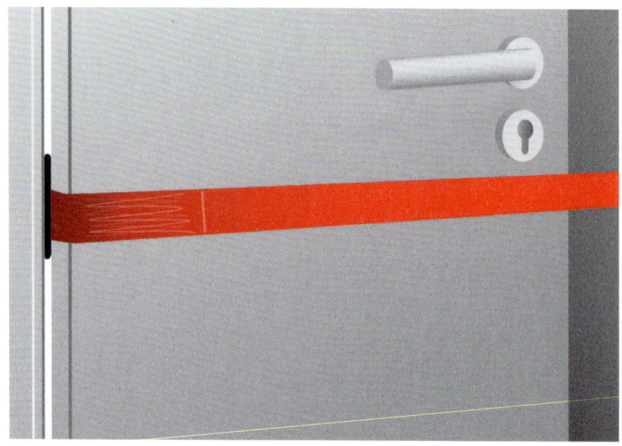

Bild 18b: *Nun wird das Gurtband unter Zug um die Tür nach vorne gelegt und diese geschlossen. Dabei ist darauf zu achten, dass die Tür richtig geschlossen ist und das Gurtband nicht die Türfalle blockiert!*

3.10 Rettung (Selbst-/Fluchtrettung)

Bild 18c: *Bei innen angeschlagenen Türen ist diese auf der Seite des Türschlosses zusätzlich zu unterkeilen.*

3 Ausbildungsgrundlagen

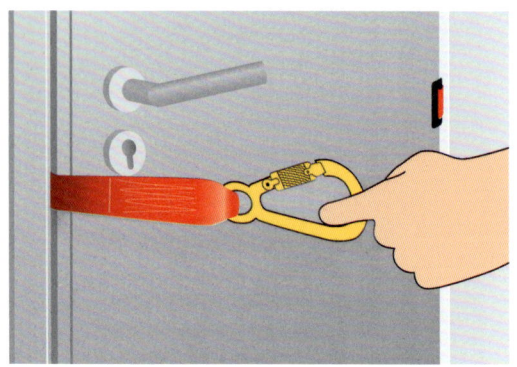

Bild 18d: *Innenansicht*

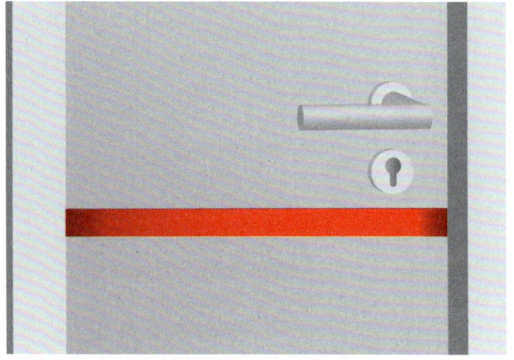

Bild 18e: *Außenansicht*

3.10 Rettung (Selbst-/Fluchtrettung)

Die NoVe ist nun einsatzbereit. Der weitere Verlauf der Selbstrettung entspricht dem üblichen Vorgehen der Selbstrettung (FwDV 1).

Bild 19: *Verbindung zum BIG FIRELINER, fertig für den Ausstieg (im Einsatz entfällt Auffanggurt und rotes Sicherungsseil).*

3 Ausbildungsgrundlagen

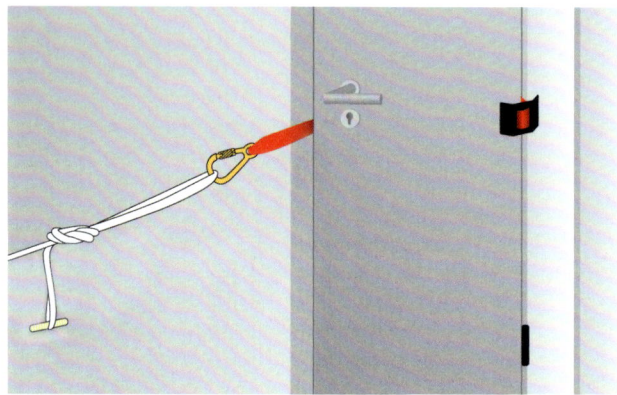

Bild 20: *Die NoVe bereit für den Einsatz und mit Achter-Knoten an der Feuerwehrleine verbunden.*

3.11 Notfallrettung einer Einsatzkraft im Atemschutzeinsatz

Der BIG FIRELINER® kann zur Notfall-Rettung eines verunglückten Atemschutzgeräteträgers genutzt werden. Dazu stehen zwei Varianten zur Verfügung.

3.11 Notfallrettung unter Atemschutz

3.11.1 Variante 1

Der BIG FIRELINER® verbleibt in der Jacke.

Die Schlaufen werden aus den Brustklappen gezogen, über dem Oberkörper gekreuzt und von zwei Einsatzkräften als Trageriemen verwendet. Dabei ist auf das Zurückfallen des Kopfes zu achten, welches vom Verunglückten oder von den Rettern kontrolliert werden muss.

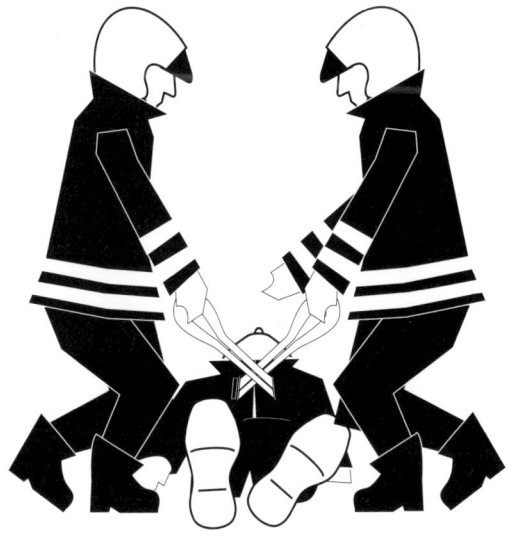

Bild 21: *Der BIG FIRELINER® wird zur Rettung des Atemschutzgeräteträgers über dem Oberkörper gekreuzt.*

3 Ausbildungsgrundlagen

3.11.2 Variante 2

Bei dieser Variante genügt eine rettende Einsatzkraft.

Bild 22a: *Der BIG FIRELINER® verbleibt in der Jacke. Der Multifunktionsgurt wird einsatzbereit gemacht, indem Karabiner und Öse miteinander verbunden werden. In die Schlaufe kann auch mit Handschuhen eingegriffen werden.*

3.11 Notfallrettung unter Atemschutz

Bild 22b: *Die Schlaufe an der Kragenrückseite kann gefasst werden, um den Kopf bei Transport zu stabilisieren.*

Bild 22c: *Keinesfalls nur an der Kragenschlaufe ziehen! Die Krafteinwirkung ist nicht dafür ausgelegt.*

4 Prüfung

Der BIG FIRELINER® ist als Teil der Persönlichen Schutzausrüstung mindestens einmal jährlich einer Prüfung durch einen Sachkundigen zu unterziehen. Diese Prüfung ist schriftlich zu dokumentieren. Dazu wird mit jedem BIG FIRELINER® eine Geräteprüfkarte ausgeliefert, welche einerseits alle zu prüfenden Punkte aufführt, andererseits der Dokumentation dient.

Diese Geräteprüfkarte können Sie über den Formularbereich des Kohlhammer-Verlags beziehen. Die Bestellübersicht sowie weitere Informationen finden Sie unter nachfolgendem Link oder direkt bei unserem Vertriebsinnendienst (dgv@kohlhammer.de, 0711 7863-7355), Artikel Nr. 00/740/0560/01.)

https://blog.kohlhammer.de/wp-content/uploads/00_740_Bestelluebersicht-BIG-FIRELINER.pdf

Der Hersteller bietet für jede Feuerwehr Online-Schulungen zur Ausbildung von Sachkundigen an. Diese Sachkundigen dürfen die jährliche Prüfung des Multifunktionsgurts übernehmen.

Nach jedem Gebrauch ist eine Sichtprüfung durchzuführen.

Sollten die mechanischen oder visuellen Kontrollen eine Beeinträchtigung der Qualität des Gurtes ergeben oder erahnen lassen, ist die Lebensdauer erloschen. Es besteht dann die

4 Prüfung

Verpflichtung, die Ausrüstung umgehend durch den Hersteller kontrollieren und defekte Teile ersetzen zu lassen.

Hersteller des BIG FIRELINER® ist:

Consultiv SB GmbH
Weinsteige 14
D-71384 Weinstadt-Beutelsbach
Tel. +49-7151-98669-30
Fax +49-7151-98669-40
info@consultiv.ch
www.consultiv.de

Consultiv AG
Langgasse 51
CH-8400 Winterthur
Tel. +41-52-2332047
Fax +41-52-2332049
info@consultiv.ch
www.consultiv.ch

Piper/Kaminsky/West

Tiefbauunfälle

Physik, Technik, Taktik

2., aktual. Auflage 2024
200 Seiten mit 164 Abb. und
10 Tab. Kart.
€ 34,–
ISBN 978-3-17-042680-1
Digital-Ausgabe erhältlich in der
BRANDSchutz-App und als E-Book

Unfälle im Bereich von Baugruben und Gräben bedeuten für Einsatzkräfte eine Vielzahl von Herausforderungen bei zugleich fehlender Routine und Erfahrung. Die Autoren erörtern Hintergründe und Besonderheiten und zeigen der Leserschaft technische und taktische Lösungsansätze zum Befreien von verschütteten Personen auf. Leicht verständlich werden Rettungskräfte auf die unterschiedlichen Szenarien eines Tiefbauunfalls vorbereitet. Zahlreiche Abbildungen sowie Tipps aus der Praxis helfen bei der Umsetzung im eigenen Einsatzbereich; in der zweiten Auflage dieses Buches erfolgt zudem erstmalig auch eine ingenieurstechnische Betrachtung des Rettungsverbaus als Stand der Technik zur Menschenrettung.

Leseproben und
weitere Informationen:
www.kohlhammer-feuerwehr.de

Christian Schwarz
Ulrike Schwarz (Hrsg.)

Professionalisierung der Aus- und Fortbildung im Ehrenamt

Didaktik und Methodik für Ausbilder in Einsatzorganisationen der Gefahrenabwehr

2025. 192 Seiten mit 40 Abb. Kart.
€ 32,–
ISBN 978-3-17-037841-4
Digital-Ausgabe erhältlich in der BRANDSchutz-App und als E-Book

In einer immer komplexeren und hochdynamischen Welt, in der ständig neue und kompliziertere Anforderungen an die Einsatzkräfte der Gefahrenabwehr gestellt werden, nimmt das Thema der Aus-, Fort- und Weiterbildung eine absolut zentrale Rolle ein. Das Buch untersucht, unter welchen Rahmenbedingungen der erwachsene Mensch so lernen kann, dass ein hoher Theorie-Praxis-Transfer gewährleistet werden kann. Die von den Herausgebenden definierten fünf Puzzleteile des Kompetenzerwerbs werden durch anschauliche Best-Practice-Beispiele aus verschiedenen Organisationen der Gefahrenabwehr wie beispielsweise dem Österreichischen Roten Kreuz, der Feuerwehr oder der Bergwacht erläutert.

Leseproben und
weitere Informationen:
www.kohlhammer-feuerwehr.de

Jens Müller

Menschenführung in Feuerwehr, Polizei und Rettungsdienst

Ein persönliches Arbeitsbuch

2025. 236 Seiten mit ca. 30 Abb. Kart.
€ 34,–
ISBN 978-3-17-042290-2
Digital-Ausgabe erhältlich in der BRANDSchutz-App und als E-Book

Dieses Buch ist anders als alle bisherigen Bücher zum Thema Menschenführung! Hier werden Sie als führender Mensch in den Vordergrund gestellt, Sie werden angeregt Ihre Führungsarbeit kritisch zu hinterfragen, Ihre Charaktereigenschaften als Führungskraft zu definieren, um so Ihr situationsbedingtes Verhalten zu prüfen und im besten Fall entscheidend zu verbessern.
Es holt Sie in Ihrer täglichen Funktion in der Feuerwehr, bei der Polizei oder im Rettungsdienst ab und ermöglicht mit vielen selbsterlebten Beispielen und Übungen aus den Blaulichtorganisationen eine gründliche Selbstreflexion. Der Autor redet erfrischend Klartext und scheut auch vor „heißen Eisen" und Tabuthemen nicht zurück.

Leseproben und
weitere Informationen:
www.kohlhammer-feuerwehr.de